Ursula Saas

Gewichte

Handlungsorientierte Materialien
mit Kopiervorlagen

CARE LINE®

Best.-Nr. 125238
ISBN 978-3-93725-238-4

Bibliografische Information der Deutschen Bibliothek
Die Deutsche Bibliothek verzeichnet diese Publikation in der Deutschen Nationalbibliografie; detaillierte bibliografische Daten sind im Internet über http://dnb.ddb.de abrufbar.

Impressum

© 2009 CARE-LINE Verlag in Druck+Verlag Ernst Vögel GmbH
Kalvarienbergstr. 22, 93491 Stamsried
Tel.: 0 94 66 / 94 04 0, Fax: 0 94 66 / 12 76
E-Mail: careline@voegel.com
Internet: www.care-line-verlag.de

Autorin: Ursula Saas
Illustrationen: Michael Hechtl
Fotos: Ursula Saas
Redaktion: Eva Christian
Titelgestaltung: Carsten Klein
Gestaltung und Satz: Daniel Förster

Inhaltsverzeichnis

Vorwort

Liebe Lehrerinnen und Lehrer,

offene Unterrichtsformen sind aus einem innovativen Unterricht nicht mehr wegzudenken. Sie verlangen von den Kindern ein hohes Maß an Handlungsorientierung, Differenzierung, Individualisierung, Eigenverantwortung, Selbstständigkeit und Selbstkontrolle.
Eine Möglichkeit, diese Prinzipien Gewinn bringend in den Mathematikunterricht der Grundschule zu integrieren, ist die **Stationenarbeit**.

Anhand der vorliegenden Übungseinheit möchte ich Ihnen, liebe Lehrerinnen und Lehrer, zeigen, wie man die Stationenarbeit zur **Wiederholung bzw. Übung der Gewichte** optimal im Unterricht einsetzen kann:

- Die einzelnen Stationen greifen eine Vielzahl mathematischer **Fertigkeiten und Fähigkeiten** auf, die für eine sichere Beherrschung der Gewichte unverzichtbar sind.
- Die Konzeption der Stationen lässt **Schwierigkeitsabstufungen** zu und trägt somit dem individuellen Leistungsstand des Kindes Rechnung.
- Das abwechslungsreiche Materialangebot hält die **Übungsmotivation** der Schüler wach, was sich wiederum positiv auf den Lernerfolg auswirkt.
- Jede dieser Stationen ist anhand der **Kopiervorlagen in Originalgröße** einfach und zeitsparend herzustellen.
- Die **Rahmengeschichte** dieser Übungseinheit spielt im Zwergenland und ist in sich abgeschlossen. Sie dient als kindgemäße Einstiegsmotivation. Dennoch lenkt die Handlung nicht vom eigentlichen Üben ab, da sie innerhalb der einzelnen Stationen nur am Rande aufgegriffen wird.

Mithilfe einer kurzen **Einführung** möchte ich Sie mit dem pädagogischen Konzept, das hinter der Stationenarbeit steht, vertraut machen. Außerdem geben Ihnen die zahlreichen **praktischen Tipps** immer wieder nützliche Hinweise, wie Sie – auch als EinsteigerIn – die Übungsstationen problemlos aufbauen und im Unterricht einsetzen können.

Viel Spaß und Erfolg beim Erstellen und Verwenden dieser Stationenarbeit!
Ursula Saas

Verwendete Abkürzungen:

AB	Arbeitsblatt	LZ	Lernziel
Abb.	Abbildung	OHP	Overheadprojektor
BK	Bildkarte	PA	Partnerarbeit
EA	Einzelarbeit	RFÜ	Rechenfertigkeitsübung
GA	Gruppenarbeit	Sch	Schüler
KV	Kopiervorlage	TA/TB	Tafelanschrift/Tafelbild
L	Lehrer	UE	Unterrichtseinheit
LP	Lehrplan	UG	Unterrichtsgespräch

Stationenarbeit – Was ist das?

Begriffserklärung

Der Begriff „Stationenarbeit“ wird häufig synonym zu „Lernzirkel“, „Stationenlernen“ oder „Stationentraining“ verwendet. Charakteristisch für diese neue Form des offenen Unterrichts ist, dass sie den Schülern viel Raum für Individualisierung, Differenzierung und Selbsttätigkeit lässt. Das dabei verwendete Material- und Lernangebot wird vom Lehrer in Form von Stationen bereitgestellt. Seine Bearbeitung verlangt den Kindern ein hohes Maß an Eigenverantwortung und Selbstständigkeit ab. Hier wird das pädagogische Prinzip „Hilfe zur Selbsthilfe“ deutlich, welches in der Leitidee Maria Montessoris – „Hilf mir, es selbst zu tun!“ – verankert ist.

Merkmale der Stationenarbeit und praktische Umsetzungstipps

Das Material

Grundlage der Stationenarbeit ist das vom Lehrer zu einem Thema sorgfältig zusammengestellte Material, welches die Schüler in Form von Stationen selbstständig bearbeiten.

- **Stationentheke**

Der Erfolg der Stationenarbeit ist abhängig von einem übersichtlichen Gesamtaufbau. Die Arbeitsstationen werden dabei in Form einer Stationentheke präsentiert. Arbeitsaufträge und benötigte Materialien werden in Ablagekörben bereitgestellt.

- **Stationenkarten und dazugehöriges Material**

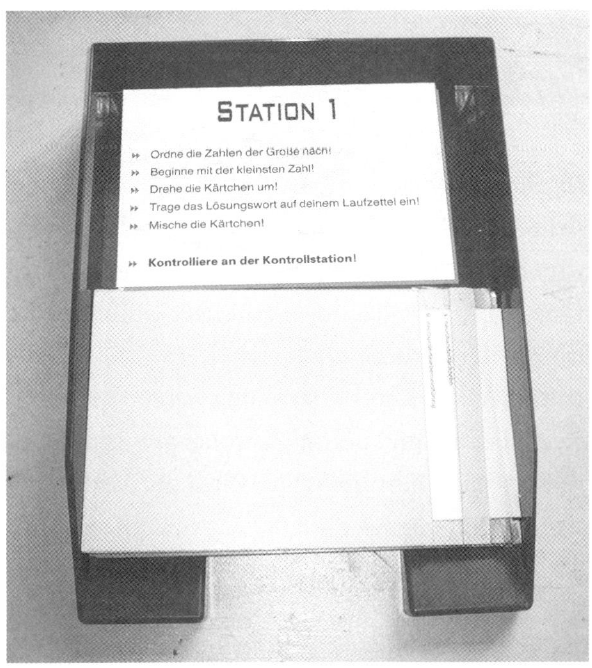

Die Stationenkarten enthalten kurze, klar formulierte Arbeitsaufträge. Um eine Abstufung des Schwierigkeitsgrades zu erreichen, sollten die ersten zwei bis drei Stationen immer die „einfachsten“ sein. Auf diese Weise verspüren auch leistungsschwächere Schüler Erfolgserlebnisse. Als Ordnungskriterien dienen die Durchnummerierung und die farbliche Differenzierung der einzelnen Stationenkarten.
Da nicht alle Schüler gleichzeitig dieselbe Station bearbeiten, reicht es, wenn bei durchschnittlicher Klassenstärke das Stationenmaterial jeweils ca. fünfmal vorhanden ist.

- **Kontrollstationen**

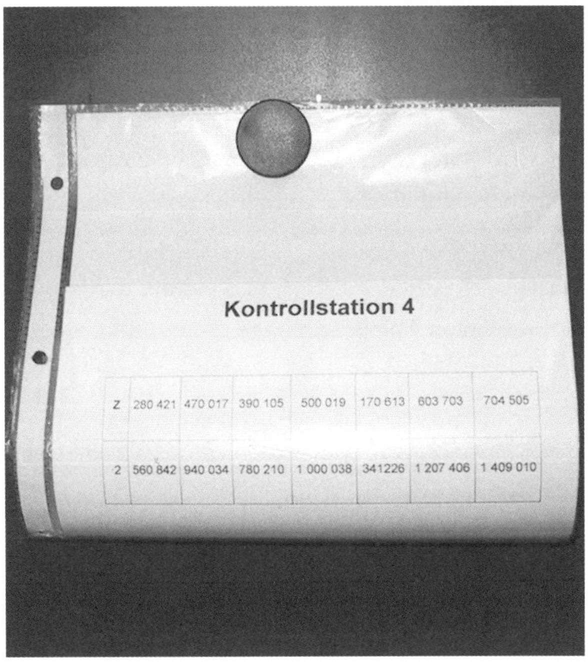

Da die Lösungsblätter und Stationenkarten hinsichtlich Farbe und Nummerierung einheitlich sind, wird den Schülern ein sofortiges Auffinden der jeweiligen Kontrollstation ermöglicht und somit die Überprüfung erleichtert.
Die einzelnen Kontrollstationen werden mit Magneten an der Tafel befestigt, wobei pro Station jeweils zwei Kontrollmöglichkeiten zur Verfügung stehen. Dort können die Schüler den Laufzettel mit der Musterlösung vergleichen und ihre Fehler verbessern.

Da das selbstständige Überprüfen mit der Musterlösung einen kritischen Punkt bei der Stationenarbeit darstellt, beobachtet der Lehrer die Kinder eingehend. Er erkundigt sich sporadisch nach der Fehlerzahl und vergewissert sich gegebenenfalls, dass der Schüler ehrlich verbessert hat. Schülern, die versuchen, ganze Aufgaben vom Lösungsblatt abzuschreiben, gibt man z. B. den Tipp, den Arbeitsauftrag nochmals genau zu lesen oder die Station vorerst unbearbeitet zurückzulegen und sich einer leichteren zu widmen. Auch der Verweis auf Hefteinträge oder Merkplakate im Klassenzimmer kann an dieser Stelle hilfreich sein.

- **Der Laufzettel**

Der Laufzettel ist für die Stationenarbeit unverzichtbar und bleibt die gesamte Zeit über in der Hand des Schülers. Er dient der Ergebnisfixierung und stellt sicher, dass der Schüler den Überblick über die bereits erledigten Aufgaben nicht verliert.

Freiheit und Eigenverantwortung des Schülers

Die Stationenarbeit überträgt dem Schüler ein hohes Maß an Freiheit und Eigenverantwortung. So wird den Schülern beispielsweise freigestellt, in welcher Reihenfolge und Zeit sie die Stationen jeweils bearbeiten. Auch der Wechsel zu einer anderen Station erfolgt individuell nach Abschluss der vorhergehenden Aufgabe, wobei kein Anspruch auf vollständige Erledigung aller Stationen besteht.

Sozialform Einzelarbeit

Während der intensiven Übungsphase herrscht ausschließlich die Sozialform der Einzelarbeit vor. Die Schüler sind angehalten, in dieser Phase leise und individuell zu arbeiten. Obwohl die freie Wahl der Sozialform in der Literatur häufig als Merkmal der Stationenarbeit angeführt wird, ist sie meiner Meinung nach ungeeignet. Denn die Partnerarbeit führt unweigerlich zu einem Geräuschpegel, welcher die Konzentration anderer Schüler gefährden kann. Außerdem erschwert das gemeinsame Bearbeiten der Stationen eine realistische Selbsteinschätzung des individuellen Leistungsstandes.

Ablauf der Stationenarbeit

Der Ablauf der Stationenarbeit besteht aus einem Wechsel zwischen intensiven Arbeitsphasen und Entspannungsphasen, in denen die Schüler kurz aufstehen, um sich eine neuen Stationenkarte zu holen oder zu einer Kontrollstation zu gelangen. Dadurch wird aufgestauter Bewegungsdrang abgebaut und Ermüdungserscheinungen entgegengewirkt.

Phasen der Stationenarbeit

- **Anfangsgespräch**

In dieser ca. 5-minütigen Phase werden im Unterrichtsgespräch nochmals die wichtigsten Arbeits- und Verhaltensregeln besprochen, deren Einhaltung eine wichtige Rahmenbedingung für das effektive Üben darstellt. Viele dieser Regeln werden größtenteils von den Schülern selbst aufgestellt und somit von ihnen auch als notwendig empfunden.

Regeln:

- Ich arbeite leise.
- Ich arbeite alleine.
- Ich kontrolliere sorgfältig und verbessere mit einem Rotstift.
- Ich schreibe nur auf meinen Laufzettel.
- Ich gehe sorgfältig mit dem Material um.
- Ich lese die Arbeitsaufträge genau durch.

- **Übungsphase**

Die Schüler entscheiden eigenverantwortlich, welche Station sie bearbeiten möchten und tragen ihre Ergebnisse auf dem Laufzettel ein. Danach vergleichen sie ihre Arbeit mit der Kontrollstation und verbessern Fehler mit dem Rotstift. Die Stationenkarte wird anschließend wieder zurückgelegt und gegen einen neuen Arbeitsauftrag ausgetauscht.
Der Lehrer hält sich während der Übungsphase im Hintergrund und bietet eventuell einzelnen Schülern individuelle Hilfestellung an. Außerdem achtet er darauf, dass die Schüler vorher vereinbarte Verhaltensregeln einhalten, um ein effektives, konzentriertes Arbeiten zu gewährleisten.
Ein akustisches Signal (z. B. Klingelzeichen oder leise Musik) zeigt das Ende der Stationenarbeit an. Den Schülern wird danach noch Zeit gegeben, die Ergebnisse der Station, an der sie gerade arbeiten, mit denen der Kontrollstation zu vergleichen und gegebenenfalls zu verbessern.

- **Abschlussgespräch**

Hier werden Anmerkungen und Vorschläge der Schüler zu den einzelnen Stationen sowie zum Verlauf der Arbeit aufgegriffen. Der Übungserfolg wird gewürdigt, indem die Schüler die Anzahl der vollständig bearbeiteten Stationen nennen dürfen. An dieser Stelle sollte explizit darauf hingewiesen werden, dass Qualität wichtiger ist als Quantität. Anschließend äußern sich die Schüler zu ihrem Arbeits- bzw. Sozialverhalten während der Stationenarbeit, was den positiven erzieherischen Effekt der kritischen Reflexion des eigenen Verhaltens zur Folge hat. Außerdem begründen die Kinder, welche Stationen ihnen am meisten Spaß gemacht haben, was oft ein Ansporn für andere Schüler ist, beim nächsten Mal genau diese Station auch zu bearbeiten.

- **Helfersystem in der darauf folgenden Stunde**

Die aufgetauchten Schwierigkeiten, welche im Abschlussgespräch genannt wurden, werden in der darauf folgenden Stunde nochmals aufgegriffen. Zudem wird versucht, diese Schwierigkeiten durch ein Helfersystem unter Schülern bzw. durch Lernhilfen seitens des Lehrers zu beseitigen. An dieser Stelle ist die Sozialform der Partnerarbeit sinnvoll und notwendig. Schüler, die „Experten" für einzelne Stationen sind, bearbeiten diese gemeinsam mit schwächeren Schülern.

Didaktischer Ort der Stationenarbeit

Diese Unterrichtsform eignet sich sowohl für die handelnd-entdeckende Erlernung neuen Unterrichtsstoffes als auch für das Üben und Vertiefen des bereits Gelernten.
Die vorliegende Unterrichtseinheit wird als Abschlusswiederholung des jeweiligen mathematischen Stoffes zur Vorbereitung auf eine Klassenarbeit verwendet. Ein intensives, individuelles Üben ist durch diese Unterrichtsform sichergestellt. Durch die Möglichkeit zur Selbstkontrolle werden die Schüler nochmals auf Wissenslücken aufmerksam, die mithilfe des Helfersystems in der nächsten Stunde behoben werden können.

Zielsetzung der Stationenarbeit

Die Stationenarbeit zielt auf ein optimales, vielseitiges Üben des bereits bekannten Unterrichtsstoffes ab. Dies wird durch die Bereitstellung eines breiten Angebots an Stationen erreicht, welche die verschiedenen Lerntypen und Lernvoraussetzungen der Schüler berücksichtigen sowie abwechslungsreiche Aufgabenstellungen beinhalten.
Die Förderung der Selbstständigkeit des Schülers und das Übertragen eines gewissen Maßes an Eigenverantwortung für den Lernerfolg stellen große pädagogische Ziele der Stationenarbeit dar. Diese werden durch die freie Wahl der Stationen sowie die konsequente Selbstkontrolle erreicht.

Aufbau der Stationenarbeit

Lernsequenz

1. UE: Wir üben die Gewichte an Stationen (Stunde gemäß Unterrichtsverlauf halten)

2. UE: Wir üben die Gewichte an Stationen (Bearbeitung der Stationen, welche die Schüler in der vorhergehenden Stunde nicht geschafft haben, unter Einbeziehung des Helfersystems)

Um einen Motivationsabfall der Schüler aufgrund von Überstrapazierung ihrer Konzentrationsfähigkeit zu vermeiden, ist es sinnvoll, diese beiden Unterrichtseinheiten an unterschiedlichen Schultagen durchzuführen.

Lernziele

Grobziele:

Im Rahmen der Lernsequenz sollen die Schüler

- sich Gewichte unterschiedlicher Dinge bewusst machen
- Gewichte vergleichen bzw. gefundene Beziehungen darstellen (<, >, =)
- Gewichtsangaben umwandeln
- bei der Notation von Gewichtsangaben (g, kg, t) die Kommaschreibweise korrekt anwenden

Feinziele:

Die Schüler sollen

- Gewichtsangaben (g, kg, t) in andere Einheiten umrechnen
- Gewichte (g, kg) auf 10 kg ergänzen
- Gewichtsangaben der Größe nach ordnen
- Additions- und Subtraktionsaufgaben zu den Gewichten lösen
- Gewichte vergleichen
- Gewichtsangaben schätzen
- in einer Sachaufgabe mit Gewichtsangaben rechnen

Achtung: Da es sich bei der Übungsform um Stationenarbeit handelt und die freie Wahl der jeweiligen Übungsaufgabe im Vordergrund steht, ist nicht gewährleistet, dass die Schüler jeweils alle Feinziele erreichen.

Medien

- Rechenfertigkeitsübung: Gewichte umwandeln (KV 1)
- Rechenfertigkeitsübung: Ergänzen auf 10 kg (KV 2; Kontrollfolie KV 3)
- Textvorlagen: Motivationstexte (S. 17), Cover des Buches, Seite im Buch (KV 4a, 4b)
- Bildvorlagen: Karlchen und Karoline in der Kräuterküche; die Wirkung des Wachstumstrankes (KV 5, 6)
- Laufzettel (KV 7 – 8)
- Station 1 (KV 9 – 10)
- Station 2 (KV 11 – 12)
- Station 3 (KV 13 – 14)
- Station 4 (KV 15 – 16)
- Station 5 (KV 17 – 20)
- Station 6 (KV 21 – 22)
- Station 7 (KV 23 – 24)
- Rezept: Wachstumstrank (KV 25)

Weitere Materialien:

- Overheadprojektor
- Akustisches Signal
- Kleine Wäscheklammern für Klammerkarten
- Schachteln / Tütchen für Wäscheklammern und Kärtchen
- Buch

Darstellung des Unterrichtsverlaufes

Artikulation	Unterrichtsverlauf	Medien
I. RFÜ Einheiten umwandeln	L: *Ich habe hier eine Rechenmaschine für euch. Sie wandelt Gewichte um.*	OHP, Folie (KV 1)
	Umwandlungsvorschrift: g	
mündlich UG	L deckt jeweils eine Gewichtsangabe auf, Sch formulieren die Umrechnung. L: *Die Maschine ist nun umgestellt. Damit wurde auch die Umwandlungsvorschrift geändert.*	
	Umwandlungsvorschrift: kg, g	
	L deckt jeweils eine Gewichtsangabe auf, Sch formulieren die Umrechnung. L: *Und nochmals wird die Maschine umgestellt.*	
	Umwandlungsvorschrift: t (Kommaschreibweise)	
	L deckt jeweils eine Gewichtsangabe auf, Sch formulieren Umrechnung.	
Ergänzen auf 10 kg halbschriftlich EA	L: *Karlchen und Karoline sind in den Ferien bei ihren Verwandten auf dem Bauernhof zu Besuch. Alle sind fleißig damit beschäftigt Obst- und Gemüsekisten für den Wochenmarkt herzurichten. Jede Kiste soll mit 10 kg gefüllt sein. Ihr könnt sehen wie viel jeder bereits eingepackt hat. Schreibt auf euren Rechenblock, wie viel Kilogramm und Gramm noch fehlen!*	OHP, Folie (KV 2)
	L legt Kontrollfolie auf. Sch vergleichen die Ergebnisse.	Kontrollfolie (KV 3)
II. Einstiegsmotivation	Sch äußern sich zur Motivationsfolie.	Bildvorlage (KV 5)
	L erzählt Motivationstext 1. L hebt Buch „Aus der magischen Kräuterküche der Zwerge" hoch. Ein Sch liest Aufschrift vor.	Buch Textvorlagen (S. 17, KV 4a–4b)
	L erzählt Motivationstext 2. Sch liest vor: *Der Wachstumstrank: Wie man als Zwerg für einen Tag groß werden kann.*	
	L erzählt Motivationstext 3.	
III. Zielangabe	L: *Sicher wisst ihr auch schon, wie wir die Gewichtsaufgaben heute üben werden.*	
	Sch: *Mit Stationen.*	
	Kurzes Gespräch über das Arbeitsverhalten während der Stationenarbeit.	

Artikulation	Unterrichtsverlauf	Medien
IV. Üben an Stationen EA	Sch holen sich gruppen- oder reihenweise jeweils eine Station.	Laufzettel (KV 7–8) Stationenkarten, Kontrollstationen
Ordnen von Gewichten	**Station 1:** Sch ordnen Gewichtsangaben der Größe nach.	Gewichtskärtchen (KV 9–10)
Addition von Gewichtssteinen	**Station 2:** Sch errechnen Gewichtsangaben von Obst und Gemüse durch Addition von Gewichtssteinen.	(KV 11–12)
Umwandeln von Gewichtsangaben (auch Kommaschreibweise)	**Station 3:** Sch legen ein Domino, wobei sie Gewichte in andere Einheiten umrechnen.	Dominos (KV 13–14)
Vergleichen von Gewichtsangaben (auch Kommaschreibweise)	**Station 4:** Sch vergleichen jeweils zwei Gewichtsangaben miteinander und setzen das richtige Zeichen (<, >, =) ein.	Klammerkarten (KV 15–16), kleine Wäscheklammern, Schachteln / Tütchen
Schätzen von Gewichten	**Station 5:** Sch ordnen bekannten Gegenständen oder Lebewesen Gewichtsangaben zu.	Puzzle (KV 17–20)
Rechnen mit Gewichten (Additions- und Subtraktionsaufgaben)	**Station 6:** Sch rechnen Additions- und Subtraktionsaufgaben vom Rechenrad im Kopf aus und notieren auf dem Laufzettel nur die Aufgaben, bei denen das Ergebnis kleiner als 1 kg ist.	Rechenräder, Drehscheiben (KV 21–22)
Sachaufgabe mit Gewichtsangaben	**Station 7:** Sch führen in Sachsituation eingekleidete Additions- und Subtraktionsaufgabe mit Gewichtsangaben durch.	(KV 23–24)
	Musik ertönt. Sch beenden die Stationenarbeit.	akustisches Signal, (z. B. von CD)
V. Rechenrätsel	L: *Nun wollen wir mal sehen, ob ihr Karlchen und Karoline helfen könnt, das Rezept für den Wachstumstrank zu entschlüsseln.*	Rezept (KV 25)
PA	Sch bearbeiten in PA das Rezept. Ein Sch liest das vollständige Rezept der Klasse vor. L legt Folie mit großen Zwergen auf. Sch äußern sich.	Bildvorlage (KV 6)
VI. Reflexion	Nachbesprechung der Stationenarbeit im Sitzkreis.	Laufzettel

Hinführung

RECHENFERTIGKEITSÜBUNG: **GEWICHTE UMWANDELN**

2 kg
6 kg 745 g
5 kg 230 g
1 kg 45 g
8 kg 9 g

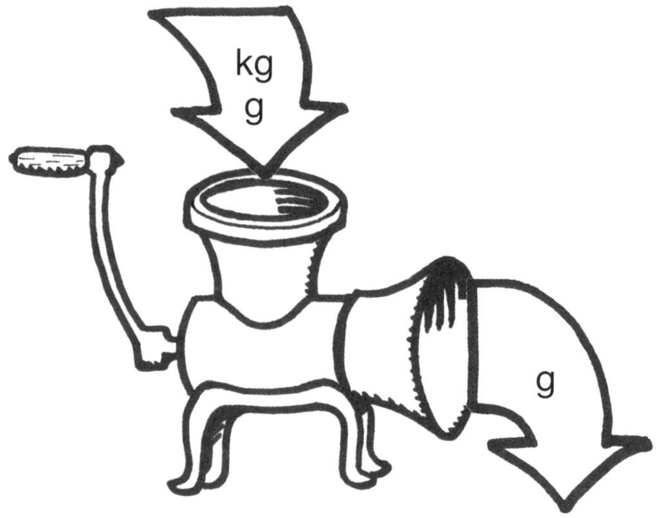

5879 g
2044 g
8021 g
1009 g
1120 g

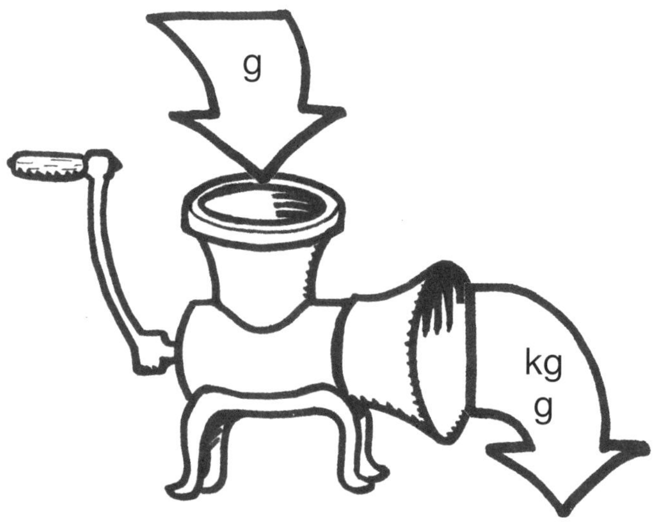

4200 kg
2569 kg
3060 kg
8004 kg
581 kg

Rechenfertigkeitsübung: Ergänzen auf 10 kg

8 kg 200 g

9 kg 150 g

5 kg 370 g

6 kg 990 g

4 kg 50 g

2 kg 80 g

750 g

Rechenfertigkeitsübung: Ergänzen auf 10 kg (Kontrollfolie)

1 kg 800 g	850 g
4 kg 630 g	3 kg 10 g
5 kg 950 g	7 kg 920 g
9 kg 250 g	

Textvorlagen: Motivationstexte

Motivationstext 1:
Karlchen und Karoline sind auf die Kräuterküche ihrer Tante gestoßen. Dort befinden sich unzählige Fläschchen mit sonderbaren Flüssigkeiten, Döschen mit Pulvern und getrocknete Kräuter. Plötzlich findet Karlchen ein geheimnisvolles Buch.

Motivationstext 2:
Neugierig schlagen die beiden das Buch auf. Gleich das erste Rezept klingt verlockend.

Motivationstext 3:
Die beiden Zwergenkinder sind begeistert. Schon immer wollten sie wissen wie es wohl ist, wenn man groß ist. Doch oh Schreck. Beim genaueren Durchlesen des Rezepts sehen sie, dass die Gewichtsangaben verschlüsselt sind. Um das Rezept zu lesen, müssen sie erst Aufgaben mit Gewichten lösen. Leider sind die beiden im Rechnen mit Gewichten gar nicht fit. Vielleicht könnt ihr ihnen ja helfen. Damit ihr das Rezept ganz leicht entschlüsseln könnt, solltet ihr noch ein bisschen üben.

Cover des Buches:

Aus der magischen
Kräuterküche der Zwerge

Tipp: Diese Vorlage auf ein „vergilbtes" Blatt kopieren und als Umschlag um ein Buch legen.

Seite im Buch:

Der Wachstumstrank:

Wie man als Zwerg für
einen Tag groß werden kann

Tipp: Diese Vorlage auf ein Blatt kopieren und lose in ein Buch legen.

Textvorlage: **Cover des Buches**

Aus der magischen Kräuterküche der Zwerge

TEXTVORLAGE: **SEITE DES BUCHES**

Der Wachstumstrank:

Wie man als Zwerg für einen Tag groß werden kann

BILDVORLAGE:

KARLCHEN UND KAROLINE IN DER KRÄUTERKÜCHE

(MOTIVATIONSBILD)

BILDVORLAGE:

DIE WIRKUNG DES WACHSTUMSTRANKES

Die Stationen

Name: ______________________ Klasse: __________ Datum: __________

Laufzettel: Gewichte (1)

▸▸ Station 1

Karlchen und Karoline essen gerne ____________________________________.

▸▸ Station 2

a)

 ______________

 ______________

 ______________

 ______________

 ______________

b)

 ______ + ______ + ______

 ______ + ______ + ______

▸▸ Station 3

4. Umrechnung: ____________________

8. Umrechnung: ____________________

▸▸ Station 4

Name: .... Klasse: .... Datum: ....

LAUFZETTEL: GEWICHTE (2)

▸▸ STATION 5

❍ Ananas
❍ Kartoffeln
❍ Bohnen
❍ Tomaten
❍ Orangen
❍ Bananen
❍ Kiwis
❍ Äpfel

▸▸ STATION 6

1. ______________________
2. ______________________
3. ______________________
4. ______________________
5. ______________________
6. ______________________

▸▸ STATION 7

Karlchen:

1. Rechnung: ______________________

2. Rechnung: ______________________

Antwort: ______________________

Karoline:

1. Rechnung: ______________________

2. Rechnung: ______________________

Antwort: ______________________

STATION 1

- Ordne die Kärtchen dem Gewicht nach!
- Beginne mit dem **leichtesten** Gewicht!
- Drehe die Kärtchen um!
- Trage die Lösung auf deinem Laufzettel ein!
- Mische die Kärtchen!

- **Kontrolliere an der Kontrollstation!**

KONTROLLSTATION 1

Karlchen und Karoline essen gerne **Erdbeereis**.

GEWICHTKÄRTCHEN (VORDERSEITE)

Tipp: Vor dem Ausschneiden erst die Rückseite aufkleben!

1 003 g	1,102 kg	1 kg 120 g
1 kg 300 g	10 kg 30 g	11,321 kg
3,056 t	3 t 560 kg	3 600 kg

GEWICHTKÄRTCHEN (RÜCKSEITE)

Achtung: Umgekehrte Reihenfolge wegen Spiegeleffekt beim Umdrehen der Kärtchen!

D	R	E
E	E	B
S	EI	R

STATION 2

▸▸ Karlchen und Karoline spielen Kaufladen.

Sie wiegen Obst und Gemüse.

a) Schreibe das Gewicht auf!

b) Welche Gewichtssteine stehen auf der Waage?

▸▸ **Kontrolliere an der Kontrollstation!**

KONTROLLSTATION 2

a)  = 600 g  = 140 g  = 125 g

 = 40 g  = 270 g  = 345 g

b)  = 500 g + 200 g + 200 g

 = 500 g + 200 g + 50 g

STATION 2

a) Schreibe das Gewicht auf!

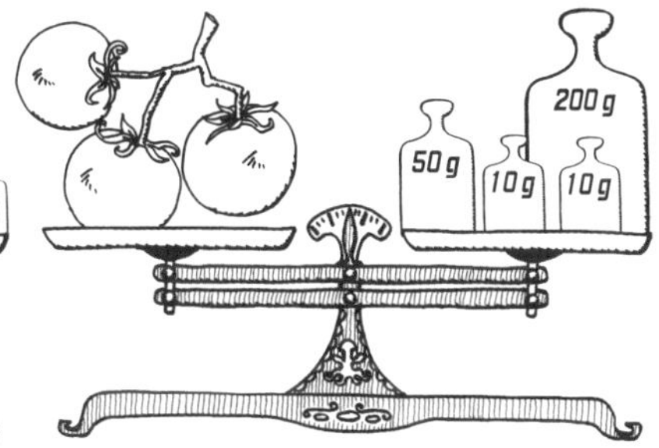

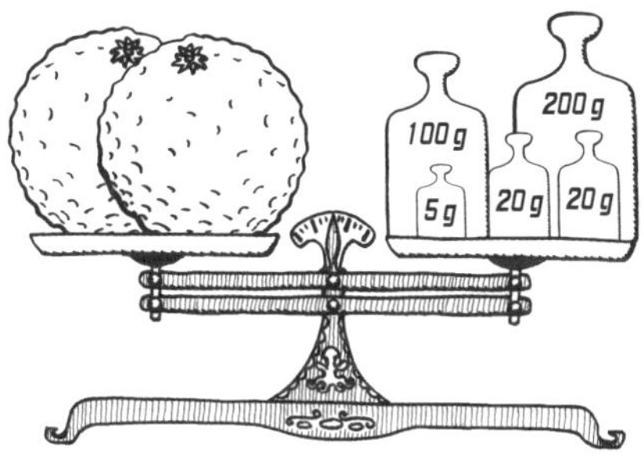

b) Welche Gewichtssteine stehen auf der Waage?

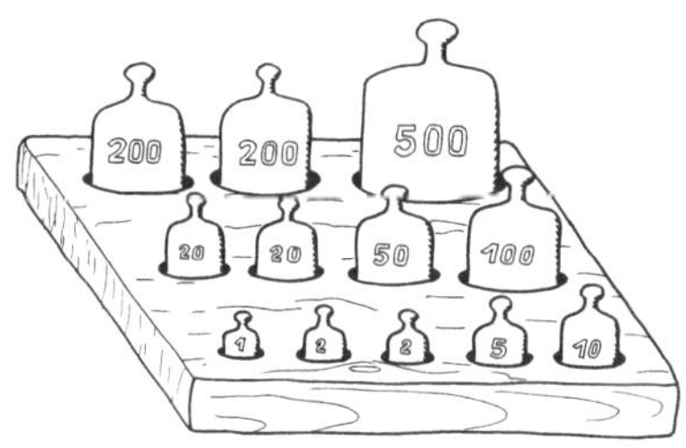

Station 3

- Lege das Domino!
- Schreibe die 4. und die 8. Umrechnung auf deinen Laufzettel!
- Mische die Kärtchen!
- **Kontrolliere an der Kontrollstation!**

Kontrollstation 3

4. Umrechnung: 1 760 g = 1 kg 760 g

8. Umrechnung: 999 g = 0,999 kg

Domino

 Start	2 t 650 kg =	2 650 kg	1,706 t =
1706 kg	2 560 g =	2 kg 560 g	1 760 g =
1 kg 760 g	2 560 kg =	2,56 t	2650 g =
2,65 kg	1 t 56 kg =	1 056 kg	999 g =
0,999 kg	1 006 g =	1 kg 6 g	10 kg 60 g =
10,06 kg	1 600 g =	1 kg 600 g	 Ziel

Station 4

- Welches Zeichen passt?
- Stecke die Wäscheklammer mit der richtigen Farbe an die jeweilige Aufgabe!
- Kontrolliere auf der Rückseite, ob die Farben übereinstimmen!
- Welche Farbe kommt am häufigsten vor?
- Male Karlchens Umhang auf deinem Laufzettel in dieser Farbe aus!

KLAMMERKARTE

Verwendung: Rechte Spalte an der gestrichelten Linie nach hinten umklappen und festkleben. Die Kreise entweder ausmalen oder mit entsprechend farbigen Klebepunkten versehen.

gelb: =	rot: >	blau: <	Klammer aufstecken	
1 700 kg		17 t		blau
5 kg 60 g		560 g		rot
110 g		1 kg 10 g		blau
7 t 30 kg		7 030 kg		gelb
2060 g		2 kg 600 g		blau
4 kg 2 g		4 020 g		blau
4 kg 200 g		4,02 kg		rot
5678 kg		5,768 t		blau
3 kg 50 g		350 g		rot
12 kg 9 g		1 209 g		rot
6,078 t		6 078 kg		gelb
687 g		6,87 kg		blau
0,987 kg		987 g		gelb
13 kg		1,3 t		blau

STATION 5

- Lege die passende Gewichtsangabe auf das jeweilige Feld!
- Drehe die Puzzleteile um!
- Nun siehst du, welches Obst und Gemüse Karlchen und Karoline am liebsten essen.
- Kreuze die Sorten auf deinem Laufzettel an!

- **Kontrolliere an der Kontrollstation!**

KONTROLLSTATION 5

- [x] Ananas
- [ ] Kartoffeln
- [ ] Bohnen
- [x] Tomaten
- [ ] Orangen
- [x] Bananen
- [x] Kiwis
- [ ] Äpfel

Puzzle

Achtung: Diese Vorlage nicht zerschneiden!

Backpulver	Kind (8 Jahre)	Dackel
Schokolade (Tafel)	Elefant	Meer-schweinchen
Quark	Mehl	Erwachsener

PUZZLETEILE (VORDERSEITE)

☞ **Tipp:** Vor dem Ausschneiden erst Kontrollbild auf die Rückseite kleben!

250 g	1 kg	70 kg
100 g	4 t	1 200 g
10 g	28 kg	5 kg

PUZZLETEILE (RÜCKSEITE / KONTROLLBILD)

STATION 6

- Rechne die Aufgaben auf dem Rechenrad aus!
- Bei welchen Aufgaben ist das Ergebnis kleiner als 1 kg?
- Schreibe nur diese Aufgaben mit dem jeweiligen Ergebnis auf deinen Laufzettel!

- **Achtung: Beginne bei START!**
- **Kontrolliere an der Kontrollstation!**

KONTROLLSTATION 6

1. 375 g + 525 g = 900 g
2. 460 g + 530 g = 990 g
3. 1 kg 600 g – 800 g = 800 g
4. 3 657 g – 3 kg = 657 g
5. 16 kg – 15 kg 100 g = 900 g
6. 1 340 g – 400 g = 940 g

BASTELANLEITUNG: RECHENRAD

Tipp: Stellen Sie das Rechenrad aus festem Karton her und befestigen Sie die Drehscheibe mithilfe einer Klammer auf der Rückseite.

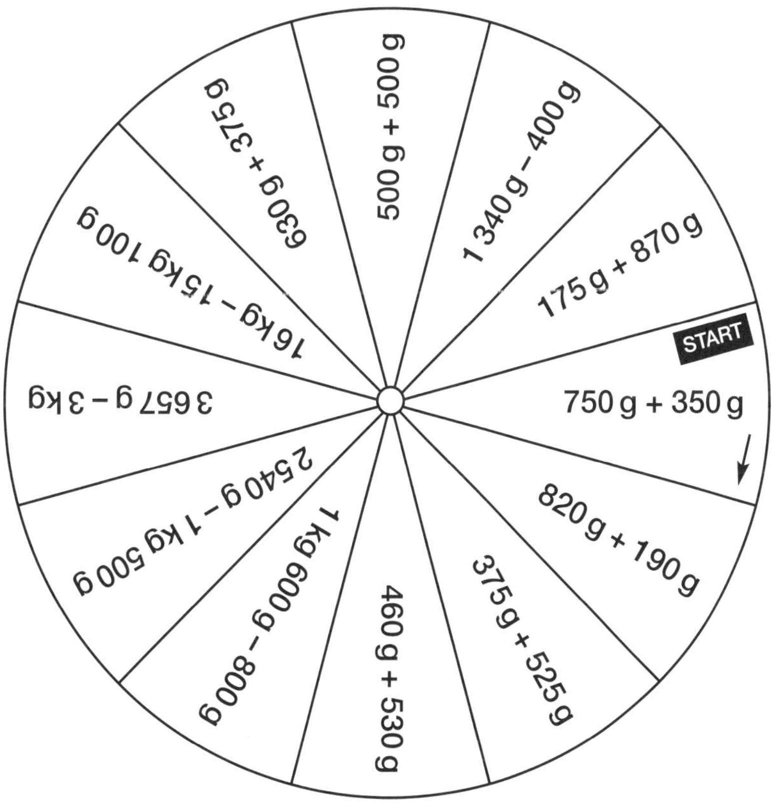

STATION 7

▸▸ Karlchen und Karoline stellen sich auf die Waage.

Wie viel wiegt Karlchen?

Wie viel wiegt Karoline?

Karlchen wiegt mit Kleidern und Schuhen 12 kg 500 g.

Die Schuhe wiegen 50 g, die Kleidungsstücke wiegen 400 g.

Karoline wiegt mit Kleidern und Schuhen 10 kg 350 g.

Ihre Schuhe wiegen 30 g, die Kleidungsstücke wiegen 350 g.

Kontrollstation 7

Karlchen:

1. Rechnung: 50 g + 400 g = 450 g
2. Rechnung: 12 kg 500 g – 450 g = 12 kg 50 g

oder:
2. Rechnung: 450 g + 12 kg 50 g = 12 kg 500 g

Antwort: Karlchen wiegt 12 kg 50 g.

Karoline:

1. Rechnung: 30 g + 350 g = 380 g
2. Rechnung: 10 kg 350 g – 380 g = 9 kg 970 g

oder:
2. Rechnung: 380 g + 9 kg 970 g = 10 kg 350 g

Antwort: Karoline wiegt 9 kg 970 g.

Rezept für Wachstumstrank

Zutaten:

Opas Geheimpulver:
1 kg 450 g – 1 300 g

Zucker:
Nehme die kleinste Menge:
1,034 t, 1 340 g, 1,430 kg,
1,050 kg, 1 403 g

Eisenkraut:

230 g + ____________ = 500 g

Beinwell:

Brennessel: 1,004 kg

Koche einen Liter Seewasser!
Füge hinzu:

______________ g von Opas Geheimpulver

______________ g Zucker

______________ g Eisenkraut

______________ g Beinwell

______________ g Brennessel

Rühre kräftig um!

Ursula Saas

Sicher üben – Mathematik

Arbeitshefte für die Grundschule

„Der Zahlenraum bis eine Million" und die „Längenmaße" sind für viele Kinder schwierige Kapitel in der Grundschulmathematik. Diese Hefte enthalten leicht verständliche Übungsaufgaben, die die Schüler dank Tipps, Hinweisen und Lösungskärtchen weitgehend selbstständig bearbeiten und kontrollieren können. Ein Belohnungssystem bringt zusätzlich Lernmotivation.

Längenmaße

4. Jgst., Mathematik
32 Seiten, DIN A5
ISBN 978-3-93284-978-7
Bestellnr.: 184978
EUR 5,50

Der Zahlenraum bis eine Million

4. Jgst., Mathematik
32 Seiten, DIN A5
ISBN 978-3-93284-976-3
Bestellnr.: 184976, EUR 5,50

Grundschule
ab 3. Jgst.
Deutsch, Förderunterricht
84 Seiten, DIN A4
Bestellnr.: 125201
ISBN 978-3-93725-201-8
EUR 16,50

Gerlinde Heil

Lese-Rechtschreib-Schwäche oder Lernfehler?

Materialien zur Diagnose und Förderung in der Grundschule

„Fast alle Kinder leiden unter LRS – zumindest manchmal." Denn auch wenn der Lese- und Schreibstart bei den meisten Kindern in ähnlichen Entwicklungsphasen verläuft, so treten diese nicht unbedingt im selben Alter auf. Deshalb vermuten Eltern, Lehrer und Nachhilfe-Institute häufig eine massive Lese-Rechtschreib-Störung, obwohl vielleicht nur ein Entwicklungsschritt im Lesestart nicht ganz ausgereift ist. Wirkliche Wahrnehmungsstörungen sind eher selten.

Dieses Heft liefert nicht nur Definitionen und theoretische Hintergründe zum Thema LRS, sondern unterstützt mit einfach anwendbarem Diagnose- und Übungsmaterial. Die abwechslungsreichen und kreativen Übungen sollen helfen, Lese- und Rechtschreibdefiziten vorzubeugen, aber auch Hinweise auf jene Schüler geben, die Hilfe von ausgebildeten Trainern und Therapeuten benötigen.

Ursula Saas

Üben an Stationen – Mathematik

Stationenarbeit erobert zunehmend das Klassenzimmer. Dass sie sich hervorragend zum Wiederholen und Üben im Mathematik- und Deutschunterricht eignet, beweisen diese praxiserprobten Bände. Anhand einzelner Stationen können die Schülerinnen und Schüler grundlegende mathematische Fähigkeiten und Fertigkeiten festigen. Gleichzeitig lernen sie, selbstständig und eigenverantwortlich zu arbeiten. Dabei helfen ihnen die Materialien, die übersichtlich strukturiert sind und Differenzierungsmöglichkeiten bieten. Eingebettet in eine motivierende Rahmenhandlung, sorgen sie für einen abwechslungsreichen und spannenden Unterricht. Alle Stationen beinhalten Kopiervorlagen in Originalgröße und lassen sich somit leicht und zeitsparend herstellen.

Ab 3. Jgst.
48 Seiten, DIN A4
ISBN 978-3-93725-203-2
Bestellnr.: 125203
EUR 13,90

Ab 3. Jgst.
52 Seiten, DIN A4
ISBN 978-3-93725-204-9
Bestellnr.: 125204
EUR 13,90

Ab 3. Jgst.
40 Seiten, DIN A4
ISBN 978-3-93284-977-0
Bestellnr.: 184977
EUR 13,90

Ab 3. Jgst.
44 Seiten, DIN A4
ISBN 978-3-93725-272-8
Bestellnr.: 125272
EUR 13,90

Ab 4. Jgst.
52 Seiten, DIN A4
ISBN 978-3-93284-975-6
Bestellnr.: 184975
EUR 13,90

BESTELLSCHEIN Fax: 09466/1276 • Tel.: 09466/94040 • E-Mail: careline@voegel.com

Name: ______________________

Straße: ______________________

PLZ/Ort: ______________________

Telefon:* ______________________

E-Mail:* ______________________
(Falls Sie per Newsletter über Neuerscheinungen informiert werden wollen)

Schulart/Jgst.:* ______________________

Datum, Unterschrift: ______________________
** freiwillige Angaben*

❑ Bitte senden Sie mir/uns kostenlos das aktuelle **CARE-LINE Gesamtverzeichnis** zu

Bitte liefern Sie mir/uns gegen Rechnung folgende Titel:

St.	Bestellnummer	Kurztitel	Preis

(Preise zzgl. Versandkosten)